E. DUSEIGNEUR.

LA MALADIE DES VERS A SOIE ET LA CHINE.

1860.

Présenté à la Société impériale d'agriculture, d'histoire naturelle et des arts utiles de Lyon, dans sa séance du 20 janvier 1860.

LYON
IMPRIMERIE DE BARRET
rue Gentil, 4.

1860.

LA MALADIE

DES VERS A SOIE

ET LA CHINE.

MALADIE

DES VERS A SOIE

INVENTAIRE DE 1859

PAR E. DUSEIGNEUR.

Lu à la Société impériale d'agriculture, d'histoire naturelle et des arts utiles de Lyon, dans sa séance du 20 janvier 1860.

En décembre 1858, dans l'opuscule intitulé : *Inventaire de* 1858, je cherchai à établir les bases sur lesquelles devait, en 1859, s'asseoir la récolte des soies.

De renseignements pris en tous pays, avec le plus de soin possible, il me parut résulter :

Qu'aucune amélioration dans l'état sanitaire n'était survenue ;

Que la somme des localités infectées s'était encore accrue ;

Qu'aucun remède de quelque valeur n'avait été proposé ;

Que le nombre des graineurs, partis pour l'Orient, avait été plus restreint qu'en 1857; et que, devant l'extension de la maladie, ils avaient dû opérer avec plus de réserve que d'habitude.

En somme, le produit de 1859 ne s'annonçait point brillamment.

La campagne 1858-59 avait d'ailleurs débuté d'une façon

très-satisfaisante, car les filateurs, abattus par les pertes de 1857, dont le souvenir vivra dans les annales de la baisse, s'étaient comportés prudemment, et les soies, débutant à 25 0/0 au-dessous des cours de l'année précédente, avaient permis aux fabriques européennes de prendre un grand élan.

Ledit opuscule à peine paru, nous étions en janvier 1859, et l'on songeait déjà à sonder l'avenir de la future récolte par des expériences pratiques. Je veux parler, on le voit, des éducations *hâtives*.

La maison Meynard, de Valréas, a, dès les premiers jours de janvier, des feuilles de mûrier parvenues au tiers de leur développement total; mais l'incubation de soixante-dix échantillons de graines se conduit, au dire de ces Messieurs, de manière à faire penser que la rotation nécessaire au développement de l'embryon, n'est point encore accomplie à cette époque de l'année.

En février, ces expérimentateurs recommencent avec plus de succès sur de seconds échantillons des mêmes semences, dont l'éclosion s'effectue alors plus ou moins vite, selon la précocité des pays d'origine. La feuille du mûrier est alors aux deux tiers de son total développement.

MM. Jouve, Chabaud et Méritan, de Cavaillon, sur une échelle plus large encore, appuyés par les capitaux et le patronage de la Chambre de commerce de Lyon, conduisent des expériences analogues.

Naturellement moins enthousiaste que ne doivent l'être les promoteurs de ces essais comparatifs, je dirai que, si leur utilité m'est démontrée d'une manière générale, la concordance de leurs indications partielles avec les résultats partiels de la récolte normale me paraît être moindre, et doit l'être en effet.

Parce que :

1° Nous ignorons, et ignorerons probablement toujours la différence d'action exercée sur l'économie du ver, par l'alimentation avec une feuille venue en serre chaude, ou une feuille mûrie librement en sa saison.

2° Parce que l'infection épidémique ou contagieuse (quels que soient d'ailleurs les soins donnés à l'éducation), est inévitable dans une collection d'essais aussi variés que le sont ceux de ces messieurs, et qu'il est dès lors difficile de dire si une semence a péri par suite du vice d'origine ou par une cause postérieure.

3° Parce qu'enfin, si l'individu qui se soumet à l'essai hâtif a intérêt à en connaître le résultat, très-souvent il a un intérêt plus grand encore à dissimuler la provenance véritable de sa semence et à en dénaturer le nom réel.

Ces réserves posées; je dirai que le public admet comme suffisantes les indications fournies par les éducations hâtives, et qu'il demande la vulgarisation de ces établissements dans les divers centres séricicoles, en attendant qu'un remède efficace vienne remplacer ce palliatif.

A cette époque, sous le titre de : *Essais devancés des Andrinople*, un négociant en graines conseille, *pour connaître le sort des graines huit mois avant leur éclosion normale*, de recueillir et d'élever les petits vers qui naissent par fractions dans la plupart d'entre elles, quelques jours après le lavage.

Ailleurs, tout aussi bien qu'à Andrinople, la graine donne fréquemment une ou deux éclosions très-partielles, chose qui n'a rien d'inquiétant, ni même de nouveau.

Toutefois, la conclusion tirée de ce fait m'a paru nouvelle, et je me permets de la doubler d'une proposition inverse.

On peut supposer d'abord, lorsqu'une graine annuelle présente des éclosions mensuelles (j'emploie le mot mensuel dans son sens large) qu'elle contient une fraction d'œufs Polivoltini, et c'est ce qu'ont dû croire tout d'abord ceux qui savent l'existence de cette race.

Vouloir juger de l'avenir d'une graine annuelle par le résultat d'œufs mensuels serait hasardé au moins.

Mais la mensualité de quelques œufs n'est point la cause de cette éclosion : car, cette même graine, purgée ainsi d'une manière non équivoque, élevée en définitive à l'état annuel, va, l'année suivante, représenter le même phénomène.

Il faut donc voir ici une véritable transformation permanente de l'œuf qui classe certains individus *tout à fait en dehors* du bloc d'où ils sortent, et ne permet plus la moindre comparaison à tout observateur sérieux.

Peu après ce moment, le docteur Gera, de Conégliano, un des doyens de la sériciculture italienne, m'adresse, par la voie du journal l'*Indicatore veneto*, n° 11 de 1859, une communication reproduite par le commerce séricicole, me faisant part du résultat des recherches du docteur Vittadini, de Milan, micrographe distingué.

Le docteur Vittadini d'abord, et, après lui, plusieurs autres observateurs lombards, pensent avoir trouvé un moyen *certain* de reconnaître les semences et les vers infectés, en examinant au microscope, avec un grossissement de 300 diamètres au moins, l'albumine des œufs et le sang même des vers venant d'éclore.

Ils ont rencontré constamment, en cas d'infection, les liquides fourmillant de ces corpuscules oscillants que Lebert et Frey croient une algue unicellulaire, corps oscillants qui feraient défaut dans la semence saine.

Ils pensent en outre que la coque, *vue par transparence*, peut présenter des signes distinctifs dans sa réticulation.

J'ai répété ces expériences sur trente variétés de graines jugées par l'établissement de Cavaillon saines ou infectées; et, d'abord, l'examen de la coque par transparence ne m'a fourni que des caractères *contradictoires* quant à la réticulation de la membrane interne ; d'autre part, je n'ai souvent pu reconnaître l'existence des corpuscules dans des semences qui, d'ailleurs, ont parfaitement échoué par vice d'origine.

Quoi qu'il en soit de l'insuccès de mes observations, faites avec un excellent instrument d'Oberhaüeser, celles sus-indiquées émanent, je le répète, de personnes très-compétentes.

Mars.

Mars commence, et toutes les personnes intéressées dans le commerce des soies recherchent avidement les renseignements fournis par les éducations hâtives. L'agriculteur les désire pour savoir les provenances auxquelles il peut plus particulièrement se fier. Le fileur et le fabricant les veulent, pour se faire une opinion sur la convenance de vente ou d'achat des soies.

Le fait dominant du moment est le peu d'offre de la semence et sa cherté. On redoute une disette réelle de l'article, et dans cet ordre d'idées, on arrive vite à exagérer son déficit.

Les variétés les plus recherchées sont d'abord l'Andrinople, dont la réussite s'est jusqu'ici soutenue avec le plus d'égalité; toutefois, certains pays, et plus particulièrement ceux qui alimentent de nombreux filateurs mouliniers, demandent préférablement les semences jaunes de Toscane et d'Anatolie, dont le produit s'applique à des emplois plus variés, et qui jusqu'ici ont bien marché d'ailleurs.

La graine de Perse, variété nouvellement parue en Europe, et que l'on donne comme entièrement préservée, est essayée par beaucoup d'éducateurs; son prix élevé même est un appât, elle est parfois l'objet de réclames superbes.

L'once des graines en vogue vaut de 15 à 20 francs, et cette cherté est générale en tous pays.

Une circulaire de Naples nous apprend que la graine *Tredunari* (que j'ai signalée depuis six mois comme suspecte) s'y paye 20 francs l'once de 27 grammes.

La température de mars est chaude avec absence de pluies, tout annonce une récolte précoce.

Les résultats des éducations hâtives de MM. Jouve, Chabaud et Méritan sont encore inconnus dans leurs détails ; on sait seulement qu'ils sont particulièrement favorables aux races blanches.

Il en serait de même du reste, d'après ceux de MM. Meynard, car leurs épreuves sont défavorables aux graines de la péninsule italienne ; les Smyrne sont moins résistantes ; les Espagne ont dû être abandonnées, et les Moldavie, Valachie et Balkans, variétés généralement jaunes, se trouvent inférieures aux Andrinople.

Cette maison cherche en outre à rassurer les propriétaires détenteurs de graines de Perse, qui s'obstinent à ne point éclore.

De Marseille, on signale la mise en circulation d'une assez importante quantité de graines naufragées avec le paquebot *le Phase*, et demeurées huit jours dans l'eau de mer.

Avril.

Avril débute par une petite gelée, qui ne fait, vu la sécheresse, que des dommages locaux.

Les éclosions générales commencent aussi avec le mois dans les localités précoces de France, États-Romains, Lombardie, Frioul, etc., c'est une avance apparente de quinze jours sur l'an dernier.

Les premiers graineurs européens arrivent en Chine.

En date du 9, la *Sériciculture pratique* annonce des échecs à Naples, entre autres celui de la graine *Tredanari*.

Vers le 20, celles de pays, suivant leur habitude, commencent à être abandonnées ; l'échec des *Sommières* authentiques est déjà constaté.

La recherche des semences continue de 15 à 20 francs l'once.

On signale des éclosions de Perse après dix-neuf jours d'incubation. Aubenas a des Espagne à la deuxième mue, et l'on commence à dire que la récolte de ce pays se présente égale à celle de 1858.

Les éclosions se font à Brousse.

Le 28, l'entrée des Autrichiens en Piémont est connue. MM. Jouve, Chabaud et Méritan adressent à la Chambre de commerce de Lyon, qui le publie, leur rapport sur les éducations hâtives, rapport d'après lequel les Andrinople et Smyrne entreraient pour la plus large part dans le produit de la récolte future. Les Baléares, Espagne, et Toscane, ces dernières particulièrement, ne seraient appelées à aucun succès. Ce pronostic fâcheux ne manquerait pas de gravité s'il se vérifiait, attendu l'abondance des graines de Toscane en certains pays.

La cote officielle des soies, en date du 30, paraît avec 2 à 3 francs de baisse. Les Cévennes sont entre la première et deuxième mue. Le royaume de Valence (Espagne) entre la troisième et la quatrième.

Avril aura vu un nombre de jours pluvieux moitié moindre que le même mois en 1858, savoir cinq.

Mai.

Les correspondances de Murcie (Espagne), en date du 1er mai, portent des plaintes sur la récolte, et annoncent que la vente des cocons y commencera le 10. Le Brescian est de la deuxième à la troisième mue. On continue à se plaindre des graines de *Sommières* dans le Gard.

Vers le 7 mai, les circulaires de Naples annoncent des échecs et des rééclosions. Ce sont les graines de nos environs, disent-elles, qui marchent le plus mal, sans en excepter la *Tredamari* sur laquelle reposait tout l'espoir des Napolitains.

En haut Piémont la graine vaut 20 à 25 francs l'once.

Néanmoins la cote des soies de Lyon porte une nouvelle dépréciation de 2 à 3 francs.

Les Baléares et Smyrne, races hâtives, échouent à Anduze.

Les lettres de Murcie, du 11, disent les achats débuter de 3 francs 50 centimes à 4 francs, et la qualité très-inférieure.

C'est à ce moment que les derniers graineurs européens arrivent en Chine.

Vers le 15, les lettres de Valence (Espagne) annoncent une demi-récolte ordinaire ; les prix débutant de 4 francs 50 centimes à 4 francs 75 centimes, ont rapidement monté à 5 francs 50 centimes. L'Aragon n'est qu'à la quatrième mue. En Frioul, les vers sortent de la troisième.

Quelques localités précoces d'Europe, autres que l'Espagne, commencent à sortir de la quatrième mue, les plaintes sont encore simultanées cette fois; aussi l'activité reprend-elle à Lyon pendant ce concerto de lamentations, et la Condition, durant plusieurs jours, reçoit-elle cent quatre-vingts à deux cents balles.

La bruyère baisse sur les marchés du Midi.

Naples et les Calabres se plaignent à qui mieux mieux.

A la fin du mois, Avignon entame quelques prix à 5 francs 75 centimes; Aubenas débute à 6 francs 25 centimes.

Les nouvelles de Grèce sont fort mauvaises. L'Espagne hausse jusqu'à 6 francs.

Mai finit avec un total de douze jours de pluie, chiffre égal à celui de 1858.

Juin.

Les achats de cocons commencent dès les premiers jours de juin, avec une avance de dix à douze jours sur l'année précédente. En 1858, ce mois ne comporta que deux jours de pluie; cette année, il en aura huit, distribués par malheur sur le moment des forts achats, ce qui ne devrait pas animer l'acheteur.

Mais d'une part le fileur craint le sort de l'an dernier, où la temporisation le mit parfois en face d'une récolte brusquement terminée; de l'autre, chaque semaine est marquée par une victoire de nos armées en Italie.

Le cocon, plus chargé d'humidité, est toutefois plus apparent qu'en 1858. Les petites formes de Brousse ont à peu près disparu des races blanches qui paraissent plus suivies. Le petit modèle Smyrne se montre rarement dans les Anatolie jaunes, il a fait place aux Odémich. Dans les Toscane on ne voit guère que la grosse et solide forme des Casentino.

La proportion pour cent des races blanches se maintient sensiblement supérieure à celles des jaunes dans l'approvisionnement du fileur.

Je dois dire, pour constater la vérité, que les Toscane ont bien mieux réussi que ne le faisaient prévoir, et les épreuves de Cavaillon, et du reste celles faites parallèlement en Italie; car je relève du *Bacofilo italiano* une correspondance de Trente, d'après laquelle les éducations hâtives du Tyrol auraient mal pronostiqué aussi de cette provenance.

« Il monte (total) delle Toscane procede meglio delle « prove antecipate, » dit-elle.

Le procès-verbal du comice agricole de Die (Drôme), 1er décembre écoulé, porte que parmi les graines à cocon jaune, la graine de Toscane, et principalement la Radicofani, a donné des résultats extrêmement remarquables, et doit avoir la préférence sur la graine de cocons blancs en général.

Le rapport du préfet de l'Ardèche, parlant de cette provenance, dit qu'elle a généralement soutenu sa bonne réputation de 1858.

Enfin le docteur Pizzolari, de Vérone, dans un tableau de réussites qu'il m'adresse, la classe à cinq pour cent plus haut que l'Andrinople.

Industriel moi-même, j'ai dû traiter jusqu'ici la question de maladie à un point de vue plus commercial que ne l'ont fait d'autres personnes; et depuis son origine, tout en reconnaissant les beaux résultats donnés par certains types de cocons blancs, j'ai toujours préférablement conseillé à l'éducateur les races jaunes, Fossombrone, Toscane, etc.

Le temps vient donner raison à ma manière de voir plus complétement encore que je ne l'eusse supposé, car les beaux types jaunes que je préconisai ont été prématurément frappés ; il ne reste parfois que des débris de cette nuance qui alimentait autrefois toute l'industrie française, et nous verrons bientôt l'éducateur les rechercher avidement pour 1860.

La muscardine continue à être signalée d'une manière générale, ce qui est tout naturel, une année d'infection en amenant forcément une autre, et doit résulter aussi du déplacement toujours plus grand et de cocons et de semences.

Le stock des soies à l'étranger est des plus réduits qu'on ait vu depuis longues années.

RÉSULTATS DE LA RÉCOLTE.

J'ai dit qu'en 1858 les graineurs paraissaient avoir agi avec plus de circonspection que par le passé, ayant trouvé la maladie en Orient d'une façon plus large qu'ils ne s'y attendaient, et qu'ils avaient redoublé d'attention dans le choix des localités, ne s'arrêtant pas à celles commercialement les plus favorables.

Cette façon d'opérer devait porter ses fruits en 1859, et la moyenne de résistance de la semence importée devait se maintenir à peu près.

En tous pays d'Europe, les centres mal approvisionnés, et dont l'échec avait été le plus retentissant, devaient agir avec circonspection aussi ; comme au contraire ceux qui n'avaient pas les mêmes motifs de méfiance devaient se livrer à une sécurité trompeuse.

Il me serait facile de citer des lieux et des noms établissant que les choses se sont passées ainsi.

En somme, une fois la récolte à peu près terminée, cette opinion se fait jour, que, sans la rareté de semence, son résultat eût établi *une diminution dans l'intensité du mal* : opinion compréhensible de la part seulement de ceux qui ne calculent pas que la rareté ou l'abondance d'une matière ont constamment un côté factice, et jugent des résultats généraux d'après des résultats locaux.

M. le préfet de l'Ardèche, parlant de son département, conclut avec les optimistes; il en évalue le produit moyen à 9 kilog. 620 gr. de cocons par once de graines, résultat fort triste assurément, si on le compare à tout autre chose qu'à celui de 1858, qui fut de 6 kilog. 319 gr., grâce à la prédominance des Romagnes.

Mais à côté de cela, M. de Galbert, dans une lettre insérée au *Journal d'agriculture pratique*, estime le résultat du bas Graisivaudan à un quart de récolte; celui du haut, à un huitième seulement.

M. de l'Espine, au concours régional de Cavaillon, déclare que la maladie n'a pas atteint sa marche décroissante.

Et M. Bonnet, directeur de l'établissement séricicole d'Aubagne (Bouches-du-Rhône), trouve la maladie plus intense en 1859 qu'en 1858.

Pour ma part, j'ai vu se vicier en 1859 des semences demeurées saines jusque-là : les *Adria*, certaines Espagne dites de *Cavaillon*, et les *Sommières* dont l'échec a fait tant de bruit. Je n'ai vu aucune source se relever.

Les fileurs du reste ont été les premières victimes de l'optimisme en cours au moment des achats. La rente des cocons à la bassine les a cruellement désabusés, ayant souvent exigé un kilogramme de plus que l'an passé, malgré que le cocon dévide bien.

Ce résultat est général, et rien n'est plus en contradiction avec une amélioration de l'état sanitaire.

France.

Après ce que je viens de dire, il me paraît peu important

de savoir si la France a eu plus ou moins de cocons que l'an passé. Ce qui militerait en faveur du moins, c'est la quantité plus qu'ordinaire de cocons secs du Levant, achetés à cette heure par les fileurs sur la place de Marseille.

Dans la proportion de réussite, le département de la Drôme, qui a produit à raison de 13 kilog. 06 gr. par once, me paraît un des plus favorisés. Voici l'état de l'approvisionnement de graines qui a valu ce résultat :

Graines	d'Andrinople	44 1/2 0/0
—	de Toscane.	18 1/4
—	de Smyrne	8 1/2
—	de Perse	6
—	d'Anatolie	3 3/4
—	de pays	3 1/2
—	des Balkans	3
—	de Sicile	1 3/4
—	d'Espagne	1 1/2
—	des États-Romains . .	1 1/2
—	Calamata	0 3/4
—	de Chine	0 1/2
—	inconnues	6 1/2
		100

La prédominance de telle ou telle graine dans une localité, ne paraît pas avoir forcément comporté celle de la réussite. Ainsi :

Le canton de Marsanne obtient avec 30 0/0 d'Andrinople 12 kilog. par once; celui de Chabeuil, avec 45 0/0, ne donne que 11 kilog.

Et les cantons de Dieulefit et Saint-Paul fournissent un égal résultat de 16 kilog. de cocons par once; l'un avec une proportion de 58 0/0 d'Andrinople, l'autre avec 33 0/0 seulement.

Les cocons se payent en France : 7 fr. 50 cent. dans les Cévennes; partout ailleurs, aux environs de 7 fr.

Espagne.

Pour l'ensemble des séricicultenrs. l'Espagne est le pays de l'obscurité, et ce brouillard de l'Atlantique qui, pour nos pères, s'arrêtait aux colonnes d'Hercule, semble avoir aujourd'hui étendu ses ombres en avant.

La récolte de ce pays étant la plus précoce de toute l'Europe, les intérêts commerciaux font annuellement circuler sur son compte les rapports les plus contradictoires; et les rares négociants lyonnais qui y opèrent, se gardent bien de jeter sur cette situation une lumière qui nuirait à leurs intérêts.

Les rapports officiels publiés par le gouvernement espagnol s'arrêtent à 1856. En voici le bref résumé :

Avant la maladie, les récoltes d'Espagne arrivaient à kilog. 1,200,000 soie, dont parfois il s'exportait 500,000.

En 1852, cette exportation fut de 302,200 kilog. gréges, 51,500 kilog. de cocons.

En 1856, elle fut réduite à 3,250 kilog., alors que d'autre part le pays dut importer pour ses besoins 138,000 kilog. gréges diverses, et 650 kilog. semences de vers à soie.

Toutes les graines d'Espagne, même celles de Catalogne, ont mal réussi en France, chacun le sait; et la récolte d'Espagne s'est faite, cette année, avec lesdites Catalogne, et les Mayorque dont le produit n'a été que médiocre, tandis que celui de Murcie et de Valence a été mauvais.

Le résultat est jugé supérieur à 1858. Est-ce amélioration de l'état sanitaire? Je ne le pense pas.

La rente à la bassine y est fort mauvaise; il ne saurait en être différemment avec une notable proportion de Baléares.

Piémont.

Chacun sait les causes qui ont empêché les provinces du bas Piémont de se livrer à l'éducation des vers, et ces pays de plaine sont précisément les plus productifs. Le Novarais et la Lomelline, servant de théâtre à la guerre, n'ont pas eu de récolte.

Voici l'extrait du rapport de la Chambre de commerce de Turin, inséré au *Bolletino delle strade ferrate* :

COCONS VENDUS SUR LES MARCHÉS.

En 1858 . . . . . 1,597,060 kilog.
En 1859 . . . . . 1,058,200 kilog.

Différence en moins : 33 0/0.

Il faut ajouter que la quantité vendue sur les marchés ne représente point la totalité des achats, qui s'élèvent à une somme presque triple annuellement, et ne sert ici qu'à établir une proportion de décroissance dans la production de ce pays qui fournit, en 1855, 4,100,000 kilog.; en 1856, 3,400,000; en 1857, 2,250,000, toujours sur les marchés.

Le Piémont a payé les cocons de 7 fr. 50 cent. à 9 fr. les toutes premières qualités, et les autres, de 5 fr. 50 cent à 7 fr.

Lombardo-Vénitien.

Si les mêmes causes d'inquiétude ont pu produire une diminution partielle dans la récolte lombarde, l'échec qu'elle a subi doit néanmoins être attribué à d'autres causes plus générales.

Son produit de 1859 équivaut au quart environ d'une récolte ordinaire, ou de la moitié au tiers seulement de celle de 1858.

L'adequato de la Chambre de commerce de Milan est de : 6 fr. 80 c., parité de 7 fr. 50 cent., prix au-dessus duquel ont eu lieu bien des contrats. Dans le Véronais et ailleurs, pour certains cocons, on a parfois payé bien moins cher.

La rente à la bassine y est des plus tristes, on en cite d'incroyablement mauvaises.

Romagne.

La récolte en Romagne est évaluée à un quart par les rapports commerciaux du pays, et la nullité complète des arrivages de gréges sur notre place dans les six mois écoulés, prouve suffisamment la réalité de cette évaluation.

Il parait y avoir eu diminution dans la quantité de graines mises à éclore en ce pays.

Les cocons s'y payent 7 à 8 fr. suivant les localités.

Toscane.

En 1859 la maladie a pris en Toscane de l'extension sinon de l'intensité, et la récolte qui peut s'y évaluer à peine à une demi-récolte ordinaire, a été écrémée à hauts prix par les graineurs, circonstance qui ne contribue pas médiocrement à restreindre le produit. Celui-ci évalué ordinairement de mille à douze cents balles, s'y trouve réduit à trois cents cette année.

La rente à la bassine y est forcément mauvaise.

La faiblesse du stock des soies vieilles, réduit au moment de la récolte à soixante ou soixante-dix balles, contribue aussi à l'élévation des prix, 7 fr. à 7 fr. 50 le kilog.

Deux-Siciles.

Le royaume des Deux-Siciles a eu des résultats divers. La Sicile et les Calabres se sont tenus à peu près dans les conditions de l'année passée, dépassant une demi-récolte ordinaire, tandis que le royaume de Naples se tenant d'un tiers au-dessous de 1858, ne dépasse guère un quart de récolte.

Les cocons y ont disparu des marchés bien plus vite que

l'an passé, et vers le 15 juin il y avait déjà des filatures fermées.

Au moment des achats, le stock des soies qui dépassait mille balles en 1858 à pareille époque, n'atteint pas cent balles, ce qui contribue à l'exaltation des acheteurs qui payent 6 fr. 80 à 7 fr. 20.

La seconde récolte (tardivi), presque nulle, s'enlève au même prix.

Le Napolitain paraît se pourvoir de quelques graines du Levant pour 1860. Du reste tout récemment le stock se composait de :

2,000	onces Abruzzes ou Tredanari, tenues	3	ducats l'once
10.000	— Calabre.	1,20	—
8,000	— Sorrento et environs. . .	1,20	—

En Sicile le grainage s'est mal fait en plaine, et l'on paye les semences réputées jusqu'à 20 et 24 tarins l'once.

Levant.

Le Levant paraîtrait avoir en réalité un résultat supérieur à 1858, on l'a beaucoup répété.

Mais d'abord il faut admettre que ce pays, *qui s'enrichit par le grainage*, cherchera toujours à tromper l'Europe sur la gravité et la nature de ses échecs, et puis il est positif que diverses localités sont dans le cas précis de certaines des nôtres.

Ainsi Brousse dont la récolte fut pitoyable en 1858, et qui a eu en 1859 un résultat bien meilleur, s'est trouvée dans le cas de l'Ardèche, grâce aux grainages fait hors de son territoire sous l'influence des fileurs et des spéculateurs de la localité, qui ont tiré les semences de Roumélie, et des contrées les plus épargnées de l'Anatolie, ainsi que nous le verrons plus tard.

La preuve générale de ce fait, se trouve du reste dans la nature des cocons secs vendus à Marseille de septembre à décembre 1859, cocons dont le *type ancien* est totalement dénaturé pour bien des provenances, et la rente nullement en accord avec celle du passé.

De la Maladie du mûrier.

Je ne reviendrais pas sur la maladie du mûrier, qui n'a parmi les sériciculteurs que des partisans clairsemés ou vacillants, si je n'avais quelques observations nouvelles à faire à son sujet.

M. Guérin-Méneville l'observe comme l'an passé, les feuilles tombent de bonne heure, cependant l'état s'améliore sensiblement, dit-il.

MM. Chazel et Reidon, filateurs à Alger, pensent que les feuilles ne sont atteintes qu'au moment de leur entier développement, fait qui explique pourquoi la maladie ne commence d'ordinaire qu'à dater de la quatrième mue.

Enfin, un membre du Conseil général de la Drôme, admet que toute éducation frappée de mortalité à la troisième ou quatrième mue, porte en elle, pour l'observateur attentif, des traces de gattine *reconnaissables dès le premier âge*, et que donc la feuille est malade dès son principe.

L'éducateur campagnard ne voit à la feuille que des altérations accidentelles qu'il lui a connues de tout temps. Mais ses vers sont décimés, il saisit mal une cause épidémique, ses principes ne sont point immuables. Il pensera alternativement blanc et noir suivant l'interlocuteur auquel il aura affaire; avec moi, il admettra que le soleil de 1859 a mûri la feuille tout aussi honnêtement que celui de 1840; avec MM. Chazel et Reidon, il pensera que cet astre pourrait bien lui verser des rayons empoisonnés.

M. Decaisne, professeur de culture au Jardin des plantes, pour l'opinion duquel je me sens une grande déférence, assure la feuille parfaitement saine.

Quant à moi, j'admets en principe que tout graineur

ayant opéré par lui-même, connaissant la ponte et le lieu d'origine de sa graine, peut en savoir d'une façon à peu près certaine le degré de résistance, car il dépend *de l'âge même de l'infection.*

Je pense que l'on peut dire à priori, quelle que soit d'ailleurs la feuille dont on alimente leurs produits, que la grande majorité des graines provenant de pays où l'infection est de longue date, périront *avant la seconde mue.*

Que les graines provenant de pays où l'atrophie n'est qu'à l'état de symptôme, iront fréquemment à bonne fin, et ne souffriront, *en aucun cas*, avant le quatrième âge.

Or, les graineurs cherchent constamment aujourd'hui à opérer dans ces conditions; c'est ce qui explique la rareté des accidents aux premiers âges, chez les éducateurs qui ne s'entêtent pas à poursuivre une graine.

Qu'à donc à faire la maladie du mûrier dans une question ainsi définie, puisque *son poison* n'empêchera jamais aucune de ces semences de suivre la loi générale de résistance qu'elle porte en elle-même.

DU GRAINAGE EN 1859.

Piémont et Lombardie.

On peut considérer la production des semences comme nulle en ces deux pays; la reproduction ne s'y tente plus qu'à titre d'essai, et pour sonder la marche de la maladie.

Romagnes.

Le grainage s'y opère pour la consommation intérieure sur une certaine échelle, mais particulièrement dans les contrées méridionales du côté de Pérouse et d'Ascoli.

Je sais qu'au moment de la récolte, il se préparait une

opération, dont bonne partie à destination de France, en graines de cette dernière localité, qui a donné parfois de très-beaux résultats tout récemment encore.

Il nous viendra donc quelques centaines de kilogrammes des États-Romains pour 1860.

Toscane.

La semence de Toscane ayant constitué, en 1859, la récolte de certains centres français et italiens, au même titre que l'Andrinople comme réussite; c'est encore le pays où il s'est le plus produit de graines, eu égard à sa surface territoriale, et malgré l'extension de la maladie.

Il a été destiné au grainage un million de livres toscanes de cocons, qui ont dû produire 18 à 20,000 kilog. de graines bonnes ou mauvaises.

Un tiers a été fabriqué pour ou par la France, un tiers pour la haute Italie, un tiers est l'œuvre de la spéculation locale.

Je ne doute pas qu'il n'en vienne encore quelques graines équivalentes à celles de 1858, malgré l'extension de l'atrophie.

Portugal.

La récolte est contrariée et retardée en Portugal par les pluies; toutefois les graineurs paraissent y avoir trouvé plus de convenance qu'en Espagne, qu'ils ont traversée sans s'y arrêter.

Le cocon de Portugal, dont nous avons eu en France quelques spécimens l'an passé, est une race italienne d'origine, mêlée de formes et de couleurs vives.

A ma connaissance, deux maisons y ont fait, l'une 400, l'autre 100 kilog. de semences.

Prusse.

Il paraît y avoir en Prusse, comme ailleurs encore, certains éducateurs qui réussissent, par le fait de leur isolement, à se préserver de la maladie, et se livrent à la fabrication de la graine. La salubrité de ces magnaneries paraîtrait prouvée par le prix auquel les cocons de quelques-unes ont été payés par des graineurs étrangers.

Mais d'ailleurs, depuis deux ans, la source prussienne a été discréditée par de nombreux échecs, et peut-être aussi parce que l'on a vendu, comme telles, des graines de Hongrie, d'origine lombarde également.

Istrie.

La semence d'Istrie, peu répandue en France, l'a été au contraire abondamment en Italie ces dernières années. L'an passé, elle y a subi des échecs très-généraux, à dater parfois des premières mues, et les graines de Capo d'Istria ont perdu leur réputation; ce qui est fâcheux, car le cocon était beau.

Toutefois la spéculation ne s'est pas retirée de ce pays, et cette année encore, la majeure partie des cocons ont été grainés. Goritz est particulièrement affecté.

La production de semences peut s'y évaluer à 3,500 kilog.

Croatie.

La Croatie, bien qu'infectée postérieurement à l'Istrie, l'est aujourd'hui comme elle; ses graines n'ont pas eu de succès en Lombardie en 1859. Son produit, du reste limité aux environs de Fiume, Porto-Re, Buccari, et les îles de Cherso et Lussini (dont la flotte française s'empara en juin dernier), peut s'élever à 450 kilog.

Dalmatie.

Les graines dalmates, qui avaient réussi en Lombardie en 1858, n'ont pas continué la même résistance en 1859, et nous avons vu par les feuilles de Milan, que de considérables parties (150 onces Spalatro) avaient été abandonnées dès la seconde mue. Les graineurs du pays même ont signalé la maladie.

Il y a peu de mûriers dans ce pays, si ce n'est vers la mer. Le cocon est beau à Zara et dans les îles supérieures, et devient médiocre dans le reste du pays, et vers le Monténégro et l'Herzegowine.

La Dalmatie proprement dite ne produit guère que 1,000 kilog., dont 400 sont fabriqués cette année par deux maisons sérieuses de Zara, et se vendent encore fort cher.

La production totale de 1859, comprises les deux provinces sus-mentionnées, peut s'élever à 2,000 kilog., maximum.

Albanie.

L'Albanie produit des cocons médiocres, surtout à l'intérieur, et n'a guère été exploitée que par les Lombards. La maladie y est répandue. Elle fera, m'assure-t-on, 1,500 à 1,600 kilog.; renseignement qui concorde avec un second, me disant qu'à Scutari, centre de la fabrication, 25,000 kilog. cocons, quantité double de l'an passé, ont été mis en graines.

Servie.

La Servie est dans le même état que les deux provinces ci-après :

Valachie.

L'attention des éducateurs français a été attirée, l'an dernier, sur cette provenance, par des renseignements émanant de M. Poumay, consul de Belgique à Bucharest.

Deux Français, établis dans cette ville, avaient, d'autre part, expédié en France quelques milliers d'onces, dont on disait du bien, et qui tinrent ces promesses.

La Valachie est un pays de petite production très-divisée. Elle fournit 60,000 à 70,000 okes de cocons de toute nature, et dont les deux tiers en race valaque sont loin d'être beaux. Le surplus est d'origine italienne.

En 1859, l'affluence des graineurs y a été grande, et les prix débutant à 3 fr. sont progressivement montés à 15 fr. Le choix y a été plus difficile que par le passé.

Il a pu s'y faire tout au plus 600 à 800 kilog. dont 400 à 500 kilog. pour la France; ils ont été presque monopolisés par les graineurs dont j'ai parlé plus haut; peu d'autres personnes ont pu y opérer largement.

Bulgarie.

Le territoire de Tirnowa, comprenant les villages de Ellena, Gabrowa, Dranowa, Trawne, etc., produit 150,000 okes de cocons, qui ont tous été convertis en graines; ils ont fourni 6,000 à 8,000 okes, en bonne partie pour l'Italie.

Il y a, comme en Valachie, des cocons nankins d'origine lombarde, mais surtout des cocons jaune d'or et blancs.

La fabrication des graines est générale dans le pays, et les graineurs ont pour la plupart acheté du paysan par lots de 1 à 50 okes.

Du côté de Sofia, la qualité est plus irrégulière de forme et de couleur; mais ce grand mélange a son bon côté, il empêche la diffusion de la maladie, dont on retrouve les caractères en ce cas plutôt à l'état de papillon qu'à celui de larve.

La production de la Bulgarie peut aller cette année à 8,000 kilog.; cette semence se vend le plus souvent sous le nom de *Balkans*. Le versant nord des Balkans est, pour le moment, plus en crédit que le versant sud.

Macédoine.

Je citai, l'an passé, les semences de Vodëna comme encore recherchées par les Lombards. Moi-même j'ai vu dans la Drôme des Nyausta qui proviennent toujours des pentes de l'Olympe, donner un produit assez satisfaisant sous tous les rapports.

Je sais que cette année on est revenu à ces variétés, et il m'a été cité une partie de 150 kilog. aux mains d'un seul graineur.

Roumélie.

Il est positif que la récolte de Roumélie, en 1859, a dépassé l'attente, comme quantité.

Est-ce bien une meilleure réussite, d'une même nature et d'une même quantité de semence?

J'attribue, pour ma part, cette différence à l'élan qu'imprime à la sériciculture de ce pays la grande extension qu'y a pris le grainage. Les cours assurés et supérieurs qui en résultent pour l'éducateur l'engagent à accroître sa production à tout prix.

La maladie s'y perpétue et s'y étend, sans prendre cette intensité alarmante qui fait définitivement fuir le graineur, en lui donnant une ponte tout à fait ruineuse.

Le 23 juin, une quarantaine de Français sont déjà en Roumélie, attendant que la montée des vers, en débarrassant les locaux, leur permette de commencer leurs opérations.

On a dit celles-ci facilitées par le gouvernement turc, qui aurait réglé les questions de dîmes si pleines d'entraves l'an dernier, il n'en a malheureusement rien été.

A Andrinople même le grainage est moins actif qu'en 1858, il l'est davantage dans les environs.

La muscardine y contrarie passablement cette opération, et certains négociants chercheront à mettre sur le compte de cette maladie la ponte médiocre et inattendue qu'y donne le cocon. Mais je sais d'une manière sûre qu'elle y est réellement inférieure à l'an passé, déduction faite de cette cause de déficit ; et que tel graineur qui pensait produire l'ocke de semence avec 16 ou 18 de cocons, en emploie 18 à 25, et davantage parfois.

La Roumélie a produit environ 16,000 kilog. dont 2,000 à destination de l'Anatolie.

Et vers le mois d'août, d'importantes quantités des Balkans nord, Ellena, et des Balkans sud, Kizanlik, viennent faciliter l'approvisionnement des graineurs retardataires.

La ponte des Balkans passe pour meilleure que celle de la Roumélie plaine.

Certaines grandes maisons françaises ont à peu près abandonné ces pays.

Anatolie.

Je signalais l'an dernier l'infection grande des graines d'Amasia, dont une assez bonne partie avait été commandée diplomatiquement par Constantinople à destination du Tyrol. Une personne intéressée, me reprocha à cette occasion d'avoir légèrement parlé de cette excellente provenance.

Je lui dois à titre de renseignement, comme également à l'adresse des partisans absolus de la maladie du mûrier, les correspondances suivantes extraites du *Bacofilo Italiano*.

« Vérona. Il seme d'Amasia, d'Anatolia, di Mingrelia, ebbe « il risultato *che doveva*, se come osserva Duseigneur, « nel suo inventario pel 1858, fin dallo scorso anno l'atro- « fia eravi constatata in un modo piuttosto considerevole. »

« Trento. Amasia razza interamente perduta. »

« Trento. *Societa bacofila*. L'amasia sepolta, etc., etc. »

Un Français, correspondant de la sériciculture pratique, se trouvant sur les lieux, explique la réussite de la récolte à Brousse, comme due au remplacement de la graine infectée par celle de Lefké, Gheiwé, etc., qui lui paraissent conserver encore leur immunité en 1859. En date du 18 juin, la même personne signale des prix de feuilles excessifs à Lefké, Isnick, etc.

Il viendra en France cette année quelques centaines de kilog. graines Lefké authentiques.

Mais le seul grainage important a été pratiqué dans les qualités jaunes des environs de Smyrne. Il s'est fait à Cassaba, Odemich, Payembol, Pergame, une quantité que l'on peut évaluer de 6 à 7,000 kilog. La maladie s'y maintient à peu près dans les mêmes conditions que l'an passé, grave à Smyrne, plus légère aux environs.

Je connais des pontes de Cassaba d'environ 60 grammes par kilog.

Le commerce lévantin a d'ailleurs bourré la place de Smyrne de semences de Salonique et des îles de l'Archipel, de qualité plus que douteuse, qui ne s'y sont pas réalisées sous leur nom réel.

Il s'y est aussi vendu 2,000 kilogr. d'Amasia, j'ignore à quelle destination.

Caucase.

Alexandre Dumas, dans son *Voyage au Caucase*, édition Charlier, page 131, rapporte que les habitants de Nuka (centre séricicole des régions caucasiennes) refusèrent, en 1858, de vendre des graines de vers à soie à quelques Italiens éplorés, qui venaient demander à la Géorgie les moyens de régénérer les races détruites du midi du Piémont et de la Lombardie, parce que *c'eût été alimenter une concurrence;* et que ceux-ci ne trouvèrent à s'approvisionner que chez les Lesghiens.

Cette version, malheureusement pour l'éducateur de nos pays, a eu le tort de manquer d'exactitude. Si M. Dumas eût été bien renseigné, nous n'eussions point vu, en 1859, la triste bigarrure apportée dans nos magnaneries par la race géorgienne.

Cette importation a eu même plus d'importance qu'on ne le croit communément; car, dans la Drôme par exemple, la graine, dite de *Perse*, couvrant de son pavillon toutes les provenances des régions caucasiennes, a été la quatrième en importance, suivant les rapports officiels.

Les graineurs qui ont dû se transporter sur les lieux pour y renouveler leurs opérations, l'ont fait avant de connaître la défaveur jetée par la récolte sur ces semences, et y ont encore opéré trop largement.

Il est à ma connaissance qu'une partie de 400 kilogr. en semence tatare a été faite, à Zugdidi, pour l'Italie, et 100 kilogr., à Kutaïs, pour une maison marseillaise.

En Géorgie proprement dite, 1,050 kilogr. ont été produits par trois graineurs, à destination de la France, et 1,400 kilogr. par des Lombards ou Piémontais. La spéculation locale alléchée a produit aussi 1,600 à 1,800 kilogr., qu'elle comptait réaliser sur les lieux aux Européens, dont elle a manqué la vente en les tenant trop haut, et dont elle poursuit actuellement les réalisations par consignations.

Daghestan.

Cinq graineurs italiens, agissant isolément, ont poussé, cette année-ci, dans la Transcaucasie, où le cocon passe pour plus sain; on affirme même qu'au nord, vers Kisslarr, il n'y a aucune trace de maladie. Ils y ont fait 1,450 kilogr. semence connue sous le nom de *Daghestan*.

Cette graine fournit un cocon du volume environ du vrai Perse, mais plus cintré et souvent conique par un bout. Qu'il appartienne à la variété blanche ou jaune, il tire légèrement sur le vert; il est suffisamment étoffé, et bien préférable aux Caucase ou Géorgie comme qualité.

100 kilogr. environ viennent en France.

Perse.

J'ai dit précédemment comment la provenance persane authentique avait été discréditée, moins par sa lenteur à éclore, à laquelle l'éducateur peut remédier, qu'à cause des produits défectueux fournis sous son nom.

Le véritable cocon de Perse, tel que je l'ai rencontré à l'état d'exception durant mes achats, diffère très-peu de certaines variétés gros format des Odémich, ou de certains

Macédoine. Il fournit assurément au fileur un produit très-acceptable par le temps qui court.

Il s'est fait en Perse cette année, à ma connaissance, 1,680 kilogr., plus du double de l'an passé, par cinq Italiens, dont l'un ayant aussi opéré en Daghestan, agissant isolément pour compte de la Lombardie, du Piémont et du royaume de Naples.

Il s'est aussi fait en Kurdistan une semence que je ne connais pas assez pour en parler.

Bengale.

M. Bahsford, filateur à Surdah, adressait, il n'y a pas longtemps, à la Société d'acclimatation de Paris, des observations fort intéressantes sur la sériciculture au Bengale, et desquelles il résultait principalement :

Que la nourriture était parcimonieusement distribuée par les indigènes, recherchant avant tout à élever une quantité croissante de vers; qu'ils n'attachaient aucune importance aux choix des cocons reproducteurs, et qu'enfin si la race, conservant sa rusticité, pouvait résister à d'incroyables variations de température, elle n'en était pas moins d'une fort triste nature pour le fileur.

M. Bahsford s'occupait à améliorer ce cocon par des importations et croisements divers.

Cette misérable nature des cocons du Bengale, Polivoltini ressemblant pour la majeure partie (Deessée et Madrassée) plutôt à de petites pelotes allongées de bourre qu'à des cocons (sauf quelques variétés annuelles d'origine italienne cultivées dans le Punjaub et Cachemyre), n'a point empêché, depuis la maladie, les Européens d'y rechercher des semences.

Voici que l'immunité même de ces races a été récemment mise en doute par M. Freschi, venu au Bengale pour cette même fabrication. Il aurait trouvé la maladie dans le Hurripaul et le Radnagore, ainsi que sur des cocons provenant d'autres districts.

Un sériciculteur milanais, M. de Christoforis, a cru devoir relever ces assertions. Dans une lettre adressée de Calcutta au *Bacofilo*, il nie la maladie, et pense démontrer la salubrité de 7,000 onces qu'il vient de fabriquer à destination de l'Italie.

Mais depuis l'ouverture du débat, la majeure partie des graines de M. de Christoforis a péri dans le naufrage de l'*Alma*.

Au point de vue de régénération, je me sens, je l'avoue, de très-faibles regrets pour les types que la mer Rouge nous a enlevés.

Chine.

Dès l'invasion de la maladie, les regards des intéressés ont dû naturellement se tourner vers la Chine, berceau présumé de toute la sériciculture européenne.

Déjà en 1851, la Chambre de commerce de Lyon, avait pris l'initiative d'une importation de graines de Chine sur cartons, par l'entremise de M. de Montigny, consul de France à Schanghaï.

J'ai raconté ailleurs le sort de cette tentative, qui ne fournit en général que des vers à éclosions successives, et dont il ne fut tiré aucun fruit.

Depuis lors divers spéculateurs ont importé des semences, dont la presque totalité n'a pu arriver en assez bon état pour permettre une opinion fondée sur cette source.

Les uns perdaient la graine par suite d'un emballage défectueux; les autres, ayant tout disposé pour une aération convenable, se trouvaient dans l'impossibilité de remplir leur programme, par suite des exigences et du mauvais vouloir de la Compagnie anglaise péninsulaire orientale, qui monopolise les transports rapides de Schanghaï à Suez.

Il se perdait annuellement ainsi des quantités considérables de graines.

Dès le mois d'octobre 1858, l'on entend parler d'une nouvelle expédition vers le Céleste-Empire, projetée par deux séricículteurs italiens, MM. les comtes Castellani et Freschi.

Ils réussissent à se faire appuyer par les divers gouvernements, ayant à la fois intérêt à protéger la sériciculture et possibilité de le faire efficacement.

Et chose qui ne gâte rien à la tentative, ils recueillent avant leur départ, au moyen d'une publicité étendue, de nombreuses demandes de graines à 20 francs l'once de 28 grammes, dont moitié payable en souscrivant.

Le gouvernement d'alors en Lombardo-Vénétie bonifie encore leur entreprise, en *engageant* toutes les municipalités de l'Empire à souscrire chacune pour un minimum de 10 onces.

Ce sera la première fois que la sériciculture aura vu, assurer la vente d'une semence, sans en réduire très-sensiblement le prix.

Les protestations contre ce nouvel impôt forcé ne manquent pas, et le commerce séricicole reproduit celles motivées des comtes Lana et Nava.

De leur côté, les maisons Meynard de Valréas, et Sottocasa et Ce de Lyon, possédant des connaissances spéciales sur cette importation, dès le printemps de 1859, et sans autre appui que la confiance ancienne dont elles jouissent dans le public, s'acheminent aussi vers Schanghaï, décidées à abandonner la route de Suez, s'il le faut.

Le mot de maladie a été prononcé en parlant de la Chine. Une circulaire de Schanghaï, en date du 25 mai dernier, contenait la phrase suivante :

« Les on-dit de l'intérieur ne sont pas favorables à la
« nouvelle récolte, les feuilles de mûrier ne se vendent pas
« la moitié du prix qu'elles atteignaient il y a deux se-
« maines, ce qu'on attribue à la maladie répandue parmi les
« vers à soie. »

D'après des documents italiens, le consul d'Autriche à Hong-Kong aurait dit la gattine exister en Chine.

Enfin, moi-même j'ai rencontré pendant les achats de cette année, deux parties de cocons Chine, d'origine différente, dont les chrysalides avaient, pour les neuf dixièmes, les ailes et la tête de ce ton bitumineux si caractéristique de la maladie, et l'infection pouvait être d'origine.

Tout cela n'était pas précisément rassurant.

Mais depuis lors j'ai vu arriver l'importation de MM. Sottocasa et Ce, dans un état remarquable de conservation, et mes idées se sont modifiées d'autant plus, que cet arrivage avait lieu peu de temps après le moment, où M. J.-B. Castellani annonçait officiellement à ses souscripteurs, la perte *de la plus grande partie* de ce qu'il tentait personnellement d'introduire, par la voix fatale de Suez, éprouvant le sort de tous ses devanciers dans cette route.

Des rapports récents sur l'éducation des graines de Chine en France ont constaté l'inégalité des mues, et j'ai sous les yeux en ce moment un extrait italien qui parle :

« Di un perfetto disordine inquanto all'eguaglianza delle mute. »

Or, d'après M. Cadei, intéressé de la maison Sottocasa, et importeur personnel des graines de cette société, le caractère principal des produits chinois consiste dans une égalité remarquable à toutes les phases de la production, régularité impossible sans doute à obtenir dans les conditions de la culture européenne, mais qui assurément ne peut faire défaut la première année de l'importation, pour une semence transportée dans de bonnes conditions.

En Chine, la première récolte s'entame de mi à fin avril par l'éclosion de graines *annuelles à quatre mues:* d'une petite portion de graines *annuelles aussi à trois mues;* et d'une fraction moindre de graines *mensuelles* (Polivoltini), destinées aux récoltes postérieures.

L'éclosion a lieu dans un appartement chaud, sans appareils spéciaux, elle est d'une telle régularité, qu'un carton éclòt généralement en entier dans une demi-journée.

Cette régularité se poursuit de telle manière que l'éducateur peut, *lors des mues*, exercer sans trop de pertes la pratique suivante :

Les vers d'une corbeille *en mue*, (car les tables de ce pays sont de légères corbeilles plates en bambou, de 1 mèt. 20 à 1 mèt. 50 de diamètre), sont triés à la main, et tous les retardataires jetés.

Cela fait, on saupoudre les vers avec de la poudre de chaux éteinte bien sèche, ou de la cendre de paille de riz, usage dont les éducateurs chinois n'ont pu préciser l'utilité, mais qui doit avoir pour résultat de faciliter la dépouille du vieil épiderme, en procurant une légère excitation à l'insecte.

La majorité des éducations est d'une demi-once; les plus considérables ne dépassent pas deux à trois.

Le nombre des repas se rapproche plutôt du régime français que des habitudes italiennes, il est de quatre à cinq par jour.

On coupe la feuille de moins en moins à mesure qu'avance l'éducation.

Elle se fait sans feu, et l'on ne cherche point à clore les appartements.

Elle dure suivant l'année, de 30 à 35 jours, de la naissance à la montée.

Le moment de celle-ci arrivé, l'éducateur chinois a une pratique spéciale.

Il noue au milieu de sa longueur un rouleau de paille de riz de 75 centimètres de long et 10 de diamètre, dont il écarte ensuite en les tordant les deux extrémités. Chaque corbeille est couverte de ces rameaux ayant la forme d'une balayette à deux têtes, dressés sur leur pied, et l'on répand de la feuille fraiche à la base.

La corbeille ainsi disposée, l'on y transporte les vers mûrs, et l'on place à 50 centimètres au-dessous un fort brasier recouvert de cendres. Ces vers placés alors dans des conditions de température qui effraieraient tout éducateur européen, montent avec une régularité et une rapidité surprenante.

A la récolte des vers annuels, succèdent deux autres récoltes, parfois trois, faites au moyen de Polivoltini à trois mues. La première d'entre elles a encore une certaine importance, mais les deuxième et troisième sont presque nulles, et leur ensemble n'atteint souvent pas le tiers de la récolte en vers annuels.

Une circulaire de Schanghaï évalue à 300,000 onces l'exportation des semences chinoises. Je crois ce chiffre exagéré d'un tiers, et nous savons que déjà une partie a péri par avarie de route.

L'introduction des graines de Chine par une voie nouvelle est un fait important pour le commerce des soies, au point de vue de l'avenir.

A l'heure qu'il est il n'est permis à personne, pas même aux importeurs, de prévoir les résultats que fourniront ces semences en 1860. L'atrophie peut exister en Chine à leur insu.

S'ils y connaissent l'existence de la maladie, on ne peut raisonnablement leur demander un aveu compromettant une opération faite sur une échelle considérable, et avec de grands risques.

Ils ont d'ailleurs le droit d'espérer, même en ce cas, une réussite égale aux qualités favorisées venues d'ailleurs.

Mais si le résultat de leur importation dans les conditions nouvelles où elle a lieu révèle une résistance inattendue, nous pouvons espérer un grand soulagement.

Je ne veux point dire par là que nous retrouverons les résultats anciens, tant qu'une cause épidémique viendra, durant le cours de l'éducation, vicier une semence saine d'ailleurs.

Mais il faut bien ouvrir les yeux sur la réalité; avec ce que l'Europe et le Levant tiennent actuellement à notre disposition, notre sort *peut devenir pire encore*, car les semences qui en 1859 n'ont subi l'échec qu'à dater du quatrième âge, *et ont encore fourni des cocons*, peuvent en 1860 l'éprouver aux premiers âges *et ne rien produire*.

La disparition des races de pays et de Briance est là pour le prouver.

Il faut à l'éducateur une source *vierge d'atrophie*, et dont l'échec ne se rapproche pas de l'éclosion d'année en année.

Nous sommes en janvier 1860. L'obscurité règne sur le sort de la future récolte, il n'est permis de porter que de très-générales appréciations.

Indépendamment du relevé qu'on vient de lire, j'ai cherché à vérifier qu'elle pouvait être la somme de graines destinées à alimenter 1860, par les arrivages mêmes de cocons percés qui sont la fidèle expression du grainage. Mais ceux-ci se consomment pour la plupart en Angleterre; ce qui se vend en France, est, en majeure partie, à destination de ce pays. La connaissance précise m'a été impossible.

La demande des semences a été jusqu'ici d'une vivacité qui exclut l'existence de l'offre, et conséquemment celle d'un approvisionnement bien plus large qu'en 1859.

La recherche des variétés jaunes est supérieure à celle des blanches; du reste, les négociants en graines ont constaté dans leurs circulaires cette préférence de l'éducateur.

Il continue à y avoir des réussites exceptionelles. J'ai parlé de l'échec général des graines de Sommières, non de ce qui a pu être frauduleusement vendu sous ce nom, mais des produits authentiques des cocons Rhuas.

Et nous savons d'autre part que Rhuas, le créateur de la

variété en question, vient d'obtenir encore en 1859 une belle récolte.

N'est-ce pas le cas de clore en renouvelant ma proposition d'enquête de l'an dernier sur les éducations privilégiées, et la recherche des conditions qui peuvent les mettre en position exceptionnelle.

(Extrait des *Annales de la Société impériale d'agriculture, d'histoire naturelle et des arts utiles de Lyon.* — 1860.)

Lyon. — Impr. [illegible]

www.ingramcontent.com/pod-product-compliance
Lightning Source LLC
LaVergne TN
LVHW012020160826
845678LV00002B/943

* 9 7 8 2 3 2 9 6 6 9 1 0 6 *